ZWERGKAISERFISCHE
IM MEERWASSERAQUARIUM
DIE GATTUNG *CENTROPYGE*

Dieter Brockmann

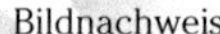

Bildnachweis
Titelbild: Zweifarben-Zwergkaiserfisch (*Centropyge bicolor*)
Bild Seite 1: Purpurmasken-Zwergkaiserfisch (*Centropyge* (*Paracentropyge*) *venusta*) und Woodheads Zwergkaiserfisch (*Centropyge woodheadi*) in einem Riffaquarium
Bild Seite 3: Der Flammen-Zwergkaiserfisch (*Centropyge loriculus*) ist aufgrund seiner Farbenpracht einer der beliebtesten Zwergkaiserfische
Fotos ohne Bildnachweis vom Autor
Die in diesem Buch enthaltenen Angaben, Ergebnisse, Dosierungsanleitungen etc. wurden vom Autor nach bestem Wissen erstellt und sorgfältig überprüft. Da inhaltliche Fehler trotzdem nicht völlig auszuschließen sind, erfolgen diese Angaben ohne jegliche Verpflichtung des Verlages oder des Autors. Beide übernehmen daher keine Haftung für etwaige inhaltliche Unrichtigkeiten.

ISBN: 978-3-86659-518-7

An der Kleimannbrücke 39/41
48157 Münster
www.ms-verlag.de
Geschäftsführung: Matthias Schmidt
Lektorat: Kriton Kunz
Layout: Mirko Barts
Druck: Pario Print, Krakau

Inhalt

Vorwort

Zwergkaiserfische oder Herzogfische, wie sie auch genannt werden, erfreuen sich großer Beliebtheit und finden sich daher in zahlreichen Korallenriffaquarien. Sie überzeugen durch ihre Farbenpracht und bei paarweiser Pflege durch ein sehr interessantes Verhalten mit Balz und dem regelmäßigen Ablaichen während der Dämmerungsphase. Viele Arten sind pflegeleicht und können sehr alt werden. Sie sind daher auch dem Einsteiger in das Hobby zu empfehlen – zumal einige Spezies bereits regelmäßig als Nachzucht im Handel erhältlich sind. Nicht nur aus Artenschutzgründen sollten Nachzuchten Wildfängen vorgezogen werden, auch wenn sie durchaus ein wenig teurer sind bzw. teurer sein müssen. Nachzuchten sind meist frei von Krankheiten und Parasiten, an Aquarienbedingungen angepasst, futterfest und können somit leicht eingewöhnt werden. Außerdem schont man die natürlichen Ressourcen und Korallenriffe, was insbesondere hinsichtlich der stetig strengeren Umweltbestimmungen sowie aufgrund von Fang- und Transportverboten zum Erhalt unseres Hobbys sehr wichtig ist.

Im Gegensatz zu ihren großen Cousins der Gattungen *Pomacanthus*, *Holacanthus* und *Apolemichthys* reichen für die kleineren Arten der Gattung *Centropyge* bereits Aquarien von 300–400 l aus, sofern diese gut strukturiert sind und zahlreiche Versteckmöglichkeiten aufweisen.

Nicht alle bis heute 36 beschriebenen *Centropyge*-Arten sollen in dem vorliegenden Band der Reihe „Art für Art“ im Detail vorgestellt werden. Ich werde mich vielmehr auf die regelmäßig im Handel befindlichen Arten konzentrieren, jedoch auch den einen oder anderen „Exoten“ vorstellen.

Viele Zwergkaiserfische gelten nur als „bedingt riffsicher“, da immer wieder von Übergriffen auf Riesenmuscheln und/oder großpolypige Korallen (LPS-Korallen) berichtet wird. Allerdings sollte man sich von diesen Berichten nicht davon abschrecken lassen, sich mit diesen interessanten Fischen intensiv zu beschäftigen, die mit ihrem Verhaltensrepertoire und ihrer Farbenpracht jedes Korallenriffaquarium bereichern.

Dieter Brockmann

Zu den Tiefwasser-Zwergkaiserfischen gehört der Cook-Zwergkaiserfisch (*Centropyge boylei*), eine der letzten Entdeckungen unter den Zwergkaiserfischen und extrem selten

Die Familie Pomacanthidae (Kaiserfische)

Die Kaiserfische zählen seit Beginn der Meeresaquaristik zu den beliebtesten Fischarten. Zu dieser Familie gehören die Gattungen *Pomacanthus* und *Holacanthus* (Echte Kaiserfische), *Apolemichthys* (Engelfische), *Pygoplites* (Pfauen-Kaiserfische), *Chaetodontoplus* (Samtkaiserfische), *Genicanthus* (Lyrakaiserfische) sowie *Centropyge* (Zwergkaiserfische, Herzogfische). Aus aquaristischer Sicht kann man die Pomacanthidae aufgrund ihrer Maximalgröße in zwei Gruppen einteilen: Großkaiser- und Zwergkaiserfische. Diese Einteilung hat somit keine wissenschaftliche Bedeutung.

Großkaiserfische erreichen häufig Längen von mehr als 20 cm. Zu ihnen zählen die Gattungen *Pomacanthus*, *Holacanthus*, *Pygoplites*, *Apolemichthys* und *Chaetodontoplus*. Die bekanntesten Vertreter sind sicherlich der Imperator-Kaiserfisch (*Pomacanthus imperator*, Maximallänge 40 cm), der Diadem-Prachtkaiserfisch (*Holacanthus ciliaris*, Maximallänge 45 cm), die Felsenschönheit (*Holacanthus tricolor*, Maximallänge 30 cm) oder auch der Pfauen-Kaiserfisch (*Pygoplites diacanthus*, Maximallänge 25 cm). Gerade Letzteren findet man in zahlreichen Riffaquarien, da er als besonders „riffsicher" gilt. Aber aufgrund ihrer Endgröße sind Großkaiserfische eigentlich nicht für herkömmliche Riffbecken mit

Zu den beliebtesten Großkaiserfischen zählen der Imperator-Kaiserfisch (*Pomacanthus imperator*, links) und die Felsenschönheit (*Holacanthus tricolor*, oben). Mit ihrer beachtlichen Endgröße sind sie für herkömmliche Riffbecken mit einem Fassungsvolumen von 300–400 l allerdings nicht geeignet.

Die meisten Zwergkaiserfische erreichen eine Endgröße von ca. 10 cm oder bleiben kleiner, wie der Blaue Zwergkaiserfisch (*Centropyge* (*Xiphypops*) *argi*; oben) mit einer Endgröße von ca. 6,5 cm. Ein Riese seiner Gattung ist dagegen der Schlüsselloch-Zwergkaiserfisch (*Centropyge tibicin*, unten). Er erreicht eine Länge von bis zu 18 cm.

einem Fassungsvermögen von 300–400 l geeignet, obwohl man sie immer wieder darin findet.

Der Wunsch, diese hübschen und farblich attraktiven Fische in seinem Becken zu pflegen und z. B. die Umfärbung von *Pomacanthus*-Arten vom Jugendstadium zu den Adulten zu beobachten, ist durchaus verständlich. Allerdings sollte man sich darüber im Klaren sein, dass Großkaiser sehr schnell wachsen und dann eine Umsiedlung in ein Aquarium mit mehr als 2.000 l notwendig wird, um dem Bewegungsdrang dieser Fische gerecht zu werden.

Die Zwergkaiserfische der Gattung *Centropyge* dagegen bleiben deutlich kleiner. Ein Großteil der Arten erreicht gerade einmal 10 cm, einzelne Ausnahmen wie Eibls Zwergkaiserfisch (*Centropyge eibli*) oder der Braune Zwergkaiserfisch (*C. multispinis*) können auf bis zu 15 cm Gesamtlänge heranwachsen. Den Größenrekord unter den Zwergkaiserfischen hält der Schlüsselloch-Zwergkaiserfisch (*C. tibicen*) mit 18 cm.

Als Bindeglied zwischen Großkaisern und Zwergkaiserfischen kann man die Gattung der Lyrakaiserfische (*Genicanthus*) betrachten, da sie Arten in der Größenordnung von 15 (z. B. den Schönen Lyrakaiserfisch, *G. bellus*) bis mehr als 20 cm (z. B. den Masken-Lyrakaiserfisch, *G. personatus*) enthält. Die Lyrakaiserfische stehen jedoch nicht im Fokus dieses Bandes.

Zwergkaiserfische (*Centropyge*)

Die Gattung der Zwergkaiserfische enthält ca. 36 Arten (siehe Tabelle 1). Die Gattung *Centropyge* wird dabei unterteilt in die Untergattung *Centropyge* mit 27 Arten, die Untergattung *Paracentropyge* mit drei Arten und *Xiphypops* mit sechs Arten. Aufgrund morphologischer Daten wird die Untergattung *Centropyge* in sechs weitere Artenkomplexe eingeteilt: (1) der „*aurantia*"-Komplex (drei Arten), der „*bicolor*"-Komplex (sechs Arten), der „*bispinosa*"-Komplex (fünf Arten), der „*colini*"-Komplex (drei Arten), der „*flavissima*"-Komplex (vier Arten) und der „*multicolor*"-Komplex (sechs Arten).

War man in den 1970er- und 1980er-Jahren generell der Meinung, wahrscheinlich alle *Centropyge*-Arten erfasst zu haben, so haben Verbesserungen der professionellen Tauchtechniken dazu geführt, dass weitere Spezies insbesondere der sogenannten Twilight Zone entdeckt und beschrieben werden konnten. Beispiele hierfür sind *C. narcosis* (Erstbeschreibung 1993) und *C.* (*Paracentropyge*) *boylei* (Erstbeschreibung 1992), die in Tiefen jenseits der 70-Meter-Marke leben, also permanent im Dämmerlicht. Einige wenige Exemplare dieser Arten gelangen dennoch hauptsächlich in den USA und Japan in den Handel, wo sie aufgrund des aufwendigen Fangs mit langwierigen Dekompressionsstopps, der Schwierigkeiten beim Transport und der komplexen Eingewöhnung Spitzenpreise erzielen.

Und auch in den 21. Jahrhundert ging die Entdeckungsgeschichte der Zwergkaiserfische weiter. Im Jahre 2006 wurde aus dem westlichen Pazifik (Indonesien, Palau) der Abei-Zwergkaiserfisch (*C. abei*) beschrieben, 2012 von Fidschi der Blaue Zwergkaiserfisch (*C. deborae*) und 2016 vom östlichen Indischen Ozean (Cocos-Keeling-Inseln, Weihnachts-Inseln) *C. cocosensis*. Diese drei Arten spielen aquaristisch keine Rolle; lediglich *C. abei* taucht sporadisch in Japan und den USA im Handel auf.

Es ist davon auszugehen, dass auch in Zukunft neue Zwergkaiserfisch-Arten entdeckt werden.

Hybriden

Interessanterweise gibt es zahlreiche Arthybriden von Zwergkaiserfischen in überlappenden Verbreitungsgebieten (siehe z. B. Pyle & Randall 2004). Die bekanntesten stammen aus dem *flavissima*-Komplex mit *C. eibli* x *C. flavissima*, *C. eibli* x *C. vrolikii* und *C. flavissima* x *C. vrolikii*. Weitere Hybriden sind von den Hawaii-Endemiten *C. loriculus* x *C. potteri* sowie *C. loriculus* und der im Indopazifik weit

Tabelle 1: Liste der Zwergkaiserfisch-Arten nach Pyle 2003, Allen et al. 2006, Steinke et al. 2009, Shen et al. 2012, 2017 (Stand September 2023)

Komplex	Wissenschaftlicher Name	Deutscher Name	Anmerkungen	Seite
„*bispinosa*"-Komplex	*C. bispinosa*	Streifen-Zwergkaiserfisch	Diverse Farbmorphen, Hybridisierung mit *C. shepardi* und *C. loriculus*	29
	C. ferrugata	Rotbrauner Zwergkaiserfisch		31
	C. loriculus	Flammen-Zwergkaiserfisch	Hybridisierung mit *C. potteri* und *C. bispinosa*	32
	C. potteri	Potters Zwergkaiserfisch	Hybridisierung mit *C. loriculus*	33
	C. shepardi	Shepards Zwergkaiserfisch	Hybridisierung mit *C. bispinosa*	34
„*multicolor*"-Komplex	*C. debelius*	Blauer Mauritius-Zwergkaiserfisch		36
	C. hotumatua	Osterinsel-Zwergkaiserfisch		--/--
	C. interrupta	Japanischer Zwergkaiserfisch		37
	C. joculator	Cocos-Zwergkaiserfisch		38
	C. multicolor	Vielfarben-Zwergkaiserfisch		35
	C. nahackyi	Nahackys Zwergkaiserfisch		--/--
„*bicolor*"-Komplex	*C. bicolor*	Zweifarben-Zwergkaiserfisch		39
	C. flavipectoralis	Mondstrahl-Zwergkaiserfisch		--/--
	C. heraldi	Heralds Zwergkaiserfisch	Mimikry durch *Acanthurus pyroferus*	40
	C. multispinis	Brauner Zwergkaiserfisch		42
	C. tibicen	Schlüsselloch-Zwergkaiserfisch		43
	C. woodheadi	Woodheads Zwergkaiserfisch		44
„*flavissima*"-Komplex	*C. eibli*	Eibls Zwergkaiserfisch	Hybridisierung mit *C. flavissima* und *C. vrolikii*; Mimikry durch *Acanthurus tristis*	48
	C. flavissima	Zitronen-Zwergkaiserfisch	Hybridisierung mit *C. eibli* und *C. vrolikii*; Mimikry durch *Acanthurus pyroferus*	45
	C. vrolikii	Perlschuppen-Zwergkaiserfisch	Hybridisierung mit *C. flavissima* und *C. eibli*; Mimikry durch *Acanthurus pyroferus*	49
	C. cocosensis	Cocos-Zwergkaiserfisch		--/--

„*aurantia*"-Komplex	***C. aurantia***	Goldstreifen-Zwergkkaiserfisch		50
	C. nox	Mitternachts-Zwergkaiserfisch	Hybridisierung mit *C. heraldi*	51
	C. deborae	Deborahs Zwergkaiserfisch		--/--
„*colini*"-Komplex	***C. colini***	Colins Zwergkaiserfisch		53
	C. narcosis	Narkose-Zwergkaiserfisch		--/--
	C. abei	Abes Zwergkaiserfisch	Eng verwandt mit *C. colini;* eine finale Einordnung in den „colini"-Komplex ist noch nicht erfolgt	--/--
C. (Xiphypops)	***acanthops***	Orangerücken Zwergkaiserfisch		55
	argi	Blauer Zwergkaiserfisch		56
	aurantonotus	Gelbrücken-Zwergkaiserfisch		--/--
	fisheri	Hawaii-Zwergkaiserfisch		57
	nigriocellus	Dreiaugen-Zwergkaiserfisch		--/--
	resplendes	Ascension-Zwergkaiserfisch		--/--
C. (Paracentropyge)	***boylei***	Cook-Zwergkaiserfisch		60
	multifasciata	Zebra-Zwergkaiserfisch		58
	venusta	Purpurmasken-Zwergkaiserfisch		59

verbreiteten Art *C. bispinosa* bekannt. Farblich ausgesprochen attraktiv, jedoch extrem selten sind Hybriden aus *C.* (*Paracentropyge*) *multifasciata* x *C.* (*Paracentropyge*) *venusta* (siehe z. B. https://reefbuilders.com/2016/10/16/multibar-venustus-hybrid-angelfish/; Stand: 16.10.2023).

Hybriden von Zwergkaiserfischen kommen immer wieder einmal in den Handel, wo einzelne Tiere durchaus sehr kostspielig sind. Allerdings ist es nicht immer leicht, die jeweiligen Elternarten zu identifizieren.

Centropyge-Hybriden: *C. flavissima* x *C. vrolikii* (A), *C. nox* x *C. heraldi* (B), *C. flavissmia* x ? (C) (drei Fotos: D. Knop) sowie *C. eibli* x ? (D)

Der Streifen-Zwergkaiserfisch (*Centropyge bispinosa*) in seinem natürlichen Habitat bei Sulawesi
Foto: zaferkizilkaya/Shutterstock

Pärchen des Zweifarben-Zwergkaiserfischs (*Centropyge bicolor*) in einem Riff des Zentralpazifiks
Foto: blue-sea.cz/Shutterstock

Verbreitung und natürlicher Lebensraum

Zwergkaiserfische finden sich in allen tropischen Meeren vom Flachwasser bis in beachtliche Tiefen, wie bereits am Beispiel von *C. narcosis* und *C.* (*Paracentropyge*) *boylei* ausgeführt wurde. Die meisten Arten sind im Indopazifik weit verbreitet. In der Karibik leben mit dem Blauen Zwergkaiserfisch (*C.* (*Xiphypops*) *argi*) und dem Gelbrücken-Zwergkaiserfisch (*C.* (*Xiphypops*) *aurantonota*) nur zwei Arten, von denen *C.* (*Xiphypops*) *argi* regelmäßig vom Handel angeboten wird. Zudem gibt es einige endemische Arten. Hierzu zählen der hübsche Ascension-Zwergkaiser (*C.* (*Xiphypops*) *resplendens*), der ausschließlich bei Ascension im zentralen Atlantik vorkommt, und Potters Zwergkaiserfisch (*C. potteri*) von den hawaiianischen Inseln.

Die meisten Zwergkaiserfische bewohnen im Riff Flachwassergebiete. Hier leben sie sehr versteckt und bilden Territorien mit zahlreichen Höhlen und Unterschlüpfen. Viele Arten sind kaum einmal im Freiwasser zu sehen. Ein Territorium wird von einem Männchen und mehreren Weibchen bewohnt, mit denen das Männchen regelmäßig ablaicht. Ein weiteres Männchen wird im Territorium nicht geduldet, sondern erbittert bekämpft und verjagt. Dies kann im Aquarium zu Schwierigkeiten sowohl bei der Vergesellschaftung mit anderen

Der Japanische Zwergkaiserfisch (*Centropyge interrupta*) hat eine besondere Ernährungsstrategie entwickelt: Er ernährt sich zu einem großen Teil vom Kot planktonfressender Barsche. Die Umgewöhnung auf Ersatzfutter ist jedoch relativ einfach.

Zwergkaiserfisch-Arten als auch bei der Zusammenstellung harmonierender Paare führen (siehe Kapitel Vermehrung).

Zwergkaiserfische sind typische Aufwuchsfresser. Ihre Hauptnahrung besteht aus dem Algenfilm („turf algae") einschließlich der mikroskopisch kleinen Organismen, der sich auf Felsen und totem Korallenmaterial bildet. Gelegentlich wird auch frei schwebendes Plankton gefressen, was die Eingewöhnung der Fische in Aquarien sehr erleichtert. Eine sehr interessante Ernährungsweise hat der Japanische Zwergkaiserfisch (*C. interrupta*) entwickelt, der eine bedeutende Menge seines Energiebedarfs durch das Fressen des Kots planktonfressender Riffbarsche (Pomacentridae) und Fahnenbarsche (*Pseudanthias*) deckt (ALLEN et al. 1998). Echte Nahrungsspezialisten gibt es unter den Zwergkaiserfischen jedoch nicht.

Aquarienhaltung von Zwergkaiserfischen

Da die meisten Zwergkaiserfisch-Arten maximal 10 cm lang werden, reicht in der Regel ein Aquarium von 300–400 l für die Paarhaltung aus. Die Dekoration muss sehr gut strukturiert sein und zahlreiche Versteckplätze aufweisen, in die sich die Zwergkaiserfische auch tagsüber zurückziehen können. Ein Aquarium mit intensivem Bewuchs an Weich- oder Steinkorallen entspricht für viele Arten den Bedingungen in ihrem natürlichen Lebensraum.

Reich strukturierte Aquarien mit zahlreichen Versteckplätzen sind eine Grundlage für die erfolgreiche Pflege von Zwergkaiserfischen. Das Bild zeigt den Vielfarben-Zwergkaiserfisch (*Centropyge multicolor*) vor einer seiner Wohnhöhlen.

Es ist selbstverständlich, dass man Zwergkaiserfischen optimale Wasserbedingungen bieten sollte. Dies danken sie durch ein natürliches Verhalten und intensive Farbgebung. Da heute in Deutschland reine Fischaquarien eher die Ausnahme sind und eine Pflege der Zwergkaiserfische in der Regel zusammen mit Korallen erfolgt, stellen die Wasserparameter kein Problem dar, denn sie entsprechen denen eines funktionierenden Riffbeckens. Die Dichte sollte im Normbereich von 1,022–1,024 g/ml (bei einer Temperatur von 25 °C) liegen. Die Nitrat-Konzentration sollte weniger als 10 mg/l betragen, die Phosphat-Konzentration weniger als 0,1 mg/l. Dies entspricht den Werten für Becken mit kleinpolypigen Steinkorallen.

Pflegt man Zwergkaiserfische dagegen zusammen mit Weichkorallen, können die Nitrat- und Phosphat-Konzentration durchaus etwas höher liegen (Brockmann 2023a). Nitrit darf dage-

Ein dicht mit Korallen bewachsenes Aquarium entspricht den Bedingungen im natürlichen Lebensraum vieler Zwergkaiserfische. Dieses durchstreifen sie den ganzen Tag und picken Algen sowie Mikroorganismen von der Dekoration und den Scheiben.

Tabelle 2: Optimale Wasserwerte und Messintervalle		
Messwert	**Optimaler Bereich**	**Messzeitintervall**
Temperatur*	24–26 °C	täglich
Dichte	1.022–1.024 g/ml (bei 25 °C)	wöchentlich
pH-Wert	tageszeitliche Schwankungen von 7,8–8,5	alle 2 Wochen
Karbonathärte	7–10 °KH	alle 2 Wochen
Kalziumkonzentration (Ca^{2+})	420 mg/l	alle 2 Wochen
Nitritkonzentration (NO_2^-)	unter 0,1 mg/l	- alle 4 Wochen - in der Einfahrphase wöchentlich
Nitratkonzentration (NO_3^-)	unter 10 mg/l	alle 4 Wochen
Phosphatkonzentration (PO_4^{3-})	unter 0,1 mg/l	alle 4 Wochen

* Gilt nur für Arten der tropischen Flachwassergebiete. Für Tiefwasserarten müssen die Temperaturen niedriger liegen, bei etwa 22 °C

gen in eingefahrenen Becken nicht nachweisbar sein, da es als Atmungsgift sehr gefährlich für die Fische sein kann.

Optimale Wasserbedingungen (siehe auch Tabelle 2) erzielt man mit einer effektiven Abschäumung, eventuell unterstützt durch Wirbelbettfilter mit NP-reducing Pellets, Phosphatadsorbern, Rollenvliesfilter und/oder Teilwasserwechsel.

Der optimale Temperaturbereich liegt für die allermeisten Arten zwischen 24 und 26 °C. Ausnahmen bilden die Spezies aus der Twilight-Zone wie *C. (Paracentropyge) boylei*, die etwas niedrigere Temperaturen bevorzugen. 22 °C sind für solche Gattungsvertreter ein Richtwert, den auch viele Steinkorallen noch gut aushalten. Will man sich mit diesen Arten beschäftigen, ist der Einsatz eines geeigneten Kühlaggregats in vielen Fällen unverzichtbar.

Die Strömung sollte mittelstark bis stark sein, so wie wir

Filterbecken mit Filterkomponenten (von links nach rechts): UV-Klärer (im Dauereinsatz), Abschäumer, Wirbelbettfilter mit NP-reducing Pellets sowie Kammern für Phosphat-Adsorber und/oder Filterkohle. Wird ein Aquarium nicht mit Fischen überbesetzt, erzielt man mit diesen Komponenten eine hervorragende Wasserqualität.

sie auch in SPS-Becken finden. Das Gleiche gilt für die Beleuchtung. Ausnahmen bilden hier ebenfalls die Arten der Twilight Zone, die Dämmerlicht vorziehen und bei zu intensiver Beleuchtung sehr scheu bleiben.

Ein absolutes Muss für die Pflege von Zwergkaiserfischen sollte ein UV-Klärer im Dauereinsatz sein (man beachte die maximale Lebensdauer der UV-Röhre!). Damit verhindern wir den Ausbruch und/oder die Verbreitung von Krankheiten, die sich über Schwärmerstadien ausbreiten (z. B. *Amyloodinium*, *Cryptocaryon*).

Frisch importierte Zwergkaiserfische sollten unbedingt einer zwei- bis dreiwöchigen Quarantäne unterzogen werden. Diese dient einerseits dazu, Parasitosen wie z. B. Wurmbefall zu identifizieren, zu behandeln und die Tiere an die Aquarien- und insbesondere Futterbedingungen zu gewöhnen sowie andererseits den bestehenden Fischbesatz vor Krankheiten zu schützen, die von den neuen Zwergkaiserfischen eingeschleppt werden könnten. Obwohl seriöse Händler eine solche Quarantäne bereits durchführen, sollte man – wann immer möglich – aus Schutzgründen eine weitere Quarantäneperiode zu Hause realisieren.

Riffsicher oder nicht?

Bei der Pflege von Zwergkaiserfischen in Riffaquarien stellt sich zwangsläufig die Frage, ob diese Tiere riffsicher sind oder nicht. Riffsicher bedeutet, dass keine schwerwiegenden Übergriffe auf Korallen und Muscheln zu befürchten sind.

Bei der Pflege zahlreicher Fischarten werden wir immer wieder beobachten können, dass Aufwuchsfresser gelegentlich an SPS-Korallen picken. Dazu gehören Doktorfische genauso wie fast alle (Zwerg-)Kaiserfische. Selbst Riffbarsche naschen hin und wieder an Muscheln oder Korallen, insbesondere dann, wenn sie einen geeigneten Platz zur Ablage ihres Geleges suchen. In der Regel sind diese

Bei der Pflege von Zwergkaiserfischen wie dem Streifen-Zwergkaiserfisch (*Centropyge bispinosa*) stellt sich immer die berechtigte Frage, ob diese riffsicher sind. Leider kann man keine pauschale Antwort auf diese Frage geben, da es große individuelle Unterschiede innerhalb einer Art gibt, was die Fressgewohnheiten betrifft.

„Pickattacken" kein Problem, da die Fische wahrscheinlich nur den Schleim fressen, den die Korallen produzieren. Zudem verteilt sich das normale Picken in der Regel auf fast den gesamten Korallenbesatz, sodass Einzeltiere kaum beeinträchtigt werden und nur sehr selten größere Schäden erleiden.

Es kann aber auch anders kommen, dass nämlich einzelne Individuen Korallenstöcke zerstören und Riesenmuscheln so arg zusetzen, dass sich diese nicht mehr öffnen. Leider kann man die Frage, ob einzelne Zwergkaiserfisch-Arten hierfür prädestiniert sind, nicht mit ja oder nein beantworten. Denn das Gefährdungspotenzial ist individuell und kann sich zudem im Lauf der Zeit verändern. Mit anderen Worten: Es ist nicht gesichert, ob ein Zwergkaiser, der jahrelang friedlich mit Korallen und Muscheln zusammenlebte, sich nicht doch eines Tages an Korallen vergreift.

Vom Flammen-Zwergkaiserfisch (*Centropyge loriculus*) werden immer wieder Übergriffe auf Riesenmuscheln beobachtet. Greift der Pfleger in solchen Fällen nicht regulierend ein, kann dies zum Verlust der Wirbellosen führen.

Ein Beispiel hierfür ist der Flammen-Zwergkaiserfisch (*C. loriculus*), der wegen seiner intensiv roten Farbe sehr gerne in Riffaquarien gepflegt wird. Eines meiner Pärchen lebte bereits seit Jahren in einem Riffaquarien und laichte hier regelmäßig während der Dämmerungsphase ab. Die ersten 5–6 Jahre der Pflege wurden weder Korallen noch die zahlreichen Muscheln beachtet. Gelegentliches Picken schien die Wirbellosen nicht zu beeinträchtigen, da es wohl nur dazu diente, Algen von den Muschelschalen oder Schleim von den Korallen abzuweiden. Dieses Verhalten veränderte sich beim Männchen schlagartig, ohne dass ich an den Pflege- und Fütterungsbedingungen etwas verändert hätte. Von einem Tag auf den anderen biss es zielgerichtet in die Mantellappen der *Tridacna*-Muscheln, die sich daraufhin blitzschnell schlossen. Mit der Zeit drehte der Fisch regelrechte Runden durch das Becken von Muschel zu Muschel, die sich ab einem bestimmten Zeitpunkt überhaupt nicht mehr öffneten. Als Konsequenz und zum Schutz für die Muscheln musste das Flammen-Zwergkaiserfisch-Pärchen in ein Aquarium ohne Muscheln umziehen, wo es keinen Schaden anrichtete und noch eine ganze Reihe von Jahren lebte.

Ein Zebra-Zwergkaiserfisch (*C.* (*Paracentropyge*) *multifasciata*) fraß in meinem Riffbecken eine *Halomitra*-Steinkoralle nahezu vollständig auf. Andere Korallen wurden nicht angeknabbert.

Übergriffe dieser Art sind nicht vorhersagbar. Sie treten unabhängig von der Zwergkaiserfisch-Art auf und sind absolut individuell. Am gefährdetsten scheinen großpolypige Steinkorallen und Muscheln zu sein. Einer meiner beiden Zebra-Zwergkaiserfische (*C.* (*Paracentropyge*) *multifasciata*) fraß während seiner Eingewöhnungszeit z. B. eine *Halomitra* spp. (Familie Fungiidae) nahezu vollständig auf, wogegen das zweite Tier keine Koralle belästigte.

Aber auch kleinpolypige Steinkorallen können das Opfer sein. Übergriffe auf SPS-Korallen werden insbesondere vom Zweifarben Zwergkaiserfisch (*C. bicolor*) und Heralds Zwergkaiserfisch (*C. heraldi*) berichtet. Will man also die hübschen und interessanten Zwergkaiserfische in seinem Riffaquarium pflegen, muss man sich der damit verbundenen Risiken bewusst sein. Dennoch verzichte ich in meinen Becken nie auf Zwergkaiserfische. Denn – und dies sei betont – die meisten Exemplare verhalten sich durchaus verträglich gegenüber Korallen und Muscheln. Und ein vereinzeltes Picken an der einen oder anderen Koralle schadet diesen nicht.

Für eine erfolgreiche Pflege von Zwergkaiserfischen ist eine stark strukturierte Dekoration mit zahlreichen Versteckplätzen notwendig:

A) SPS-Aquarium des Autors, Mülheim/Ruhr, B) SPS-Aquarium von Florian Radmiller, Offingen, C) Weichkorallenaquarium Jack Elliot, Langenfeld, D) Hornkorallen-Aquarium Jack Elliot, Langenfeld

Vergesellschaftung mit anderen Fischen

Zwergkaiser sind äußerst territorial. Dies kann zu heftigen Auseinandersetzungen mit anderen territorialen Fischen (z. B. Riffbarschen) insbesondere während der Eingewöhnungszeit führen, wenn die Rangordnung innerhalb der Beckengemeinschaft noch nicht fixiert ist. Die Kämpfe können bisweilen so aggressiv sein, dass sich kleinere Zwergkaiserfisch-Nachzuchten nicht in die Aquariengemeinschaft integrieren lassen. Zur Eingewöhnung sollten die *Centropyge*-Arten daher futterfest und widerstandsfähig sein, um in den anfänglichen Revierstreitigkeiten bestehen zu können. Die heute im Handel angebotenen Nachzuchten von 2–3 cm Länge sollten somit vorsichtshalber in einem separaten Aquarium oder in einem in das Aquarium eingehängten, entsprechend großen Plastikbecken (= Schwimmschule) gehältert werden, bis sie eine durchsetzungsfähige Größe erreicht haben.

Zwergkaiserfisch-Arten sollten generell als Pärchen gepflegt werden. Eine Paarzusammenstellung ist einfach, wenn man zwei deutlich unterschiedlich große Exemplare erwirbt (siehe Abschnitt Vermehrung) oder in einem Händlerbecken bereits zwei Individuen friedlich zusammenleben. Ein gelegentliches Drohen des dominanten Tieres und Unterwürfigkeitsverhalten des unterlegenen Fisches (z. B. schräges Schwimmen mit Flossenklemmen) sind dabei normal und kein Grund zur Besorgnis. Vereinzelt kann es auch zu kurzen Jagdsequenzen kommen (= Verjagen des rangniedrigeren Tieres), die sich allerdings auf wenige 10 cm begrenzen. Dauerhaftes Verjagen findet bei harmonierenden Pärchen nicht statt.

Schwimmschule mit einem juvenilen Kaiser von Mexiko (*Holacanthus passer*) zur kontrollierten Eingewöhnung in ein Korallenriff-Aquarium. Ähnlich sollte man mit kleinen Zwergkaiser-Nachzuchten vorgehen.

Das Nachsetzen eines zweiten Exemplars gelingt selbst in großen und gut strukturierten Becken nur selten. Zu groß sind Aggressivität und Territorialität des alteingesessenen Einzeltiers. Man muss bedenken, dass die Männchen auch der kleineren *Centropyge*-Arten im Riff Territorien von mehreren Quadratmetern besetzen und vehement gegen gleichgeschlechtliche Artgenossen verteidigen. Das Nachsetzen insbesondere gleich großer Tiere führt daher in der Regel zu regelrechten Hetzjagden mit dem schlechteren Ende für den Neuling, der, um ihn zu retten, wieder aus dem Aquarium entfernt werden muss.

Pärchen des Zweifarben Zwergkaiserfisches (*Centropyge bicolor*). Vorne rechts das größere Männchen, hinten das kleinere Weibchen.

Auch eine Vergesellschaftung mit anderen Zwergkaiserfisch-Arten kann problematisch sein, insbesondere wenn sie einander farblich sehr ähneln. Zu Eingewöhnung sollte man daher so vorgehen wie weiter vorne beschrieben. Eine Schwimmschule ist in diesem Fall oft sehr hilfreich. Alternativ kann man den alteingesessenen Zwergkaiserfisch für einige Tage mit einer Fischfalle herausfangen und separat hältern (z. B. im Technikbecken), bis sich der Neuling an das Aquarium gewöhnt und sich hier etabliert hat. Auch der Spiegeltrick verbessert die Eingewöhnungschancen deutlich (BROCKMANN 2023b).

Der Spiegeltrick kann dabei helfen, Neulinge leichter und unverletzt in eine bestehende Fischgemeinschaft zu integrieren. Dazu wird ein größerer Spiegel vor einer der Aquarienscheiben platziert. Aggressive Fische, wie dieser Rotmeer-Doktorfisch (*Zebrasoma xanthurum*), bekämpfen ihr Spiegelbild, das sie als Artgenossen wahrnehmen, vehement und beachten den Neuling daher kaum. Nach einigen Tagen kann der Spiegel wieder entfernt werden.

Viele andere Fischarten, z. B. Doktorfische, Fahnenbarsche oder Grundeln, stellen bei der Vergesellschaftung kein Problem dar. Hier kann es zwar anfangs zu Rangeleien kommen, doch diese werden sich schnell legen. Auch gelegentliches Drohen wird auftreten, aber dies gehört zum natürlichen Verhalten, wenn es u. a. darum geht, seinen Unterschlupf oder seine Wohnhöhle zu verteidigen.

Fütterung

Wie schon erwähnt, sind Zwergkaiserfische typische Aufwuchsfresser, die den ganzen Tag den Algenaufwuchs mit den darin befindlichen Mikroorganismen verzehren. Diese Verhaltensweise zeigen sie auch in Riffaquarien. Allerdings darf man nicht davon ausgehen, dass sie ähnlich effizient als Algenprophylaxe oder zur Bekämpfung von Algenplagen eingesetzt werden können wie zahlreiche Doktorfisch-Arten. Denn alte Algen, z. B. Fadenalgen, werden verschmäht.

Eine Umgewöhnung auf die klassischen Gefrierfuttersorten wie adulte Artemien, *Mysis* und feiner Krill gelingt bei den meisten Arten sehr schnell. Gefrorenes Futter muss aufgetaut und gut gespült werden, bevor es verfüttert wird. Algenersatznahrung, z. B. getrocknete Nori-Algen aus dem Reformhaus oder *Spirulina*, sollte regelmäßig angeboten werden. Werden diese Algen erst einmal als Nahrung akzeptiert, was durchaus mehrere Tage dauern kann, fressen die Fische sie gierig.

Mit Futterautomaten kann mehrmals täglich hochwertiges Trocken- bzw. Pelletfutter in kleinen Portionen gereicht werden

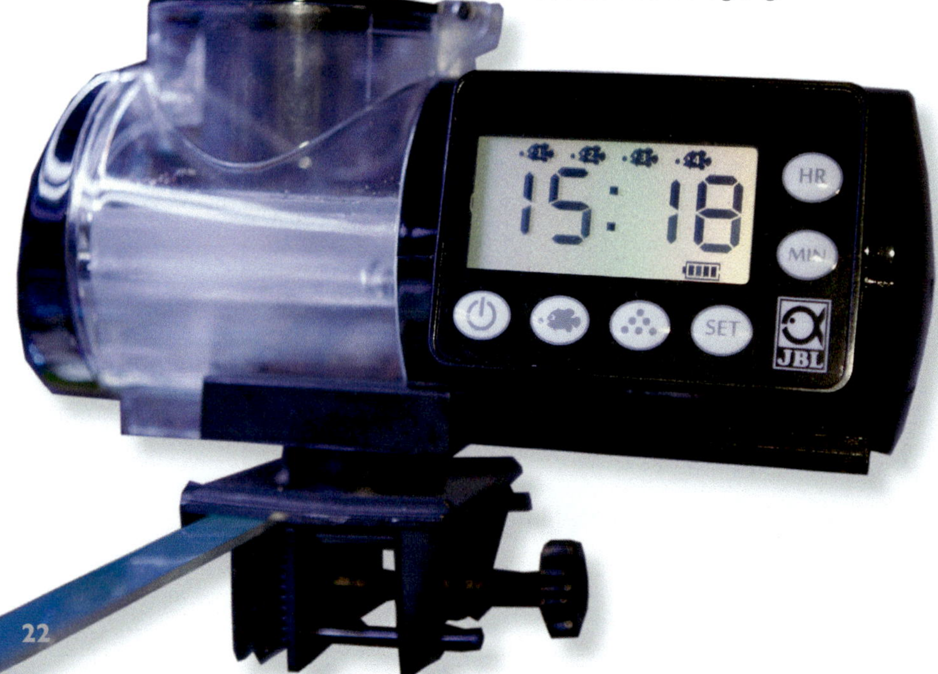

Gefüttert werden sollte mehrmals täglich in kleinen Portionen. Da eine Gewöhnung an hochwertiges Trockenfutter sehr schnell gelingt, kann Pelletnahrung z. B. mithilfe eines Futterautomaten hierfür eine gute Option sein, ohne dass jedoch auf Frostfutter verzichtet wird. Ich verfüttere in der Regel vormittags und mittags Pelletnahrung über einen Futterautomaten und am Spätnachmittag sowie abends hochwertiges Gefrierfutter.

Zwergkaiserfischen, die sich während der Eingewöhnung mit der Futteraufnahme schwertun, kann man lebende Futterorganismen anbieten, wie kleine Schwebegarnelen (*Mysis*) oder auch Artemien. Dies stimuliert den Jagdinstinkt der Fische. Lebendfuttersorten, die wir aus der Süßwasseraquaristik kennen, wie Wasserflöhe, Mückenlarven und Tubifex, verfüttere ich nicht, obwohl sie wahrscheinlich von eingewöhnten Exemplaren gefressen würden – denn diese Organismen sterben recht schnell und verderben dann das Meerwasser.

Getrocknete Nori-Algen sind eine gute Ersatznahrung für Zwergkaiserfische. Zur Fütterung können kleinere Blätter mit einem Magneten an der Glasscheibe befestigt werden.

Paradoxerweise kann die Umgewöhnung auf die o. g. Futtersorten bei Nachzuchten sehr schwierig sein, wie ich an mehreren Exemplaren von *C.* (*Paracentropyge*) *venusta* und *C.* (*Paracentropyge*) *multifasciata* beobachten konnte. Dies liegt wahrscheinlich an dem sehr kleinen Maul der 2–3 cm langen Nachzuchten. Hier können Copepoden wie *Calanus*, *Cyclops*, *Brachionus*, Lobstereier oder „Rotes Meeresplankton“ durchaus sehr hilfreich sein, um die kleinen Zwergkaiser mit ausreichend Nährstoffen zu versorgen. Tiefkühltafeln dieser Futtersorten sind im gut sortierten Fachhandel sowie in Online-Shops erhältlich. Interessanterweise fressen auch adulte und ausgewachsene Fische diese „Planktonnahrung“ sehr gerne, weshalb ich solche Futtersorten auch regelmäßig in meinem Schaubecken anbiete.

Vermehrung

Noch vor recht kurzer Zeit schwer vorstellbar, macht die Nachzucht von Meerwasserfischen heute Furore. Es vergeht kaum eine Woche, ohne dass die gelungene Erstnachzucht einer Art in den entsprechenden Medien publiziert wird. Dies betrifft auch die Zwergkaiserfische, für die es einen großen internationalen Markt gibt. Das macht sie natürlich lukrativ für kommerzielle Zuchtbetriebe.

Die Vermehrung von Zwergkaiserfischen ist sehr aufwendig Alle Arten, die bis heute untersucht wurden, sind protogyne Hermaphroditen (siehe z. B. BAENSCH 2004): Sie entwickeln sich also zunächst zu Weibchen und können sich bei Bedarf in Männchen umwandeln. Allerdings weisen andere Studien darauf hin, dass auch eine Rückumwandlung in funktionelle Weibchen möglich ist (PYLE 2003). Die Geschlechtsumwandlung ist sozial kontrolliert: Bei Fehlen eines dominanten Männchens wird normalerweise das ranghöchste Weibchen des Harems das Geschlecht wechseln. Innerhalb von nur sieben Tagen zeigt es männliches Verhalten und innerhalb von 20 Tagen wird es ein voll funktionsfähiges Männchen.

In Abhängigkeit von der Wassertemperatur laichen die Arten entweder periodisch über das ganze Jahr verteilt ab oder nur in den Frühlings- und Sommermonaten, wenn die Wassertemperatur mindestens 20 °C beträgt (siehe z. B. BAENSCH 2004). Die Balz erfolgt am späten Nachmittag und das Ablaichen während der Dämmerungsphase. Auf dem Höhepunkt der Balz steigen Männchen und Weibchen gemeinsam in die Wassersäule auf und geben hier simultan ihre Geschlechtsprodukte ab. Dieses Ritual kann man unter guten Pflegebedingungen in jedem Aquarium beobachten. Im Gegensatz zu anderen Fischarten, z. B. den Korallenwächtern aus der Familie Cirrhitidae oder Lippfischen, kommt es hierbei aber nur selten zu „Unfällen“, bei denen einer der Partner beim Hochsteigen aus dem Wasser springt.

Nachzucht des Purpurmasken-Zwergkaiserfischs (*C.* (*Paracentropyge*) *venusta*) von Bali Aquarich

Die Eier haben je nach Art 0,65–0,75 mm Durchmesser und schwimmen aufgrund eines Öltröpfchens in der Wassersäule. Ihre Anzahl variiert artabhängig zwischen 600 und 1.000. Der Schlupf der Larven erfolgt je nach Temperatur 16–32 Stunden nach der Eiablage. Rund 90 Stunden nach dem Schlupf ist die Entwicklung der Larven so weit fortgeschritten, dass sie externe Nahrung aufnehmen können. Der Dottersack ist dann aufgebraucht, Augenpigmentierung und Zahnentwicklung sind beendet. Die Metamorphose zum juvenilen Fisch ist von verschiedenen Faktoren und von der Art abhängig. *Centropyge (Xiphypops) fisheri* beendet nach etwa 16 Tagen die Metamorphose, *C. flavissima* nach 20 Tagen, *C. loriculus* nach 35 Tagen, *C. multicolor* nach 55 Tagen und *C. interrupta* nach 7–25 Tagen (BAENSCH 2004).

Eines der Hauptprobleme bei der Aufzucht der Larven ist es, geeignetes Futter bereitzustellen. Als Erstnahrung kommen u. a. Copepo-

Tabelle 3: Nachzuchtliste Zwergkaiserfische (*Centropyge*) (Stand September 2023)*

Komplex	Wissenschaftlicher Name	Deutscher Name
„*bispinosa*“-Komplex	*C. bispinosa*	Streifen-Zwergkaiserfisch
	C. loriculus	Flammen-Zwergkaiserfisch
	C. potteri	Potters Zwergkaiserfisch
„*multicolor*“-Komplex	*C. interrupta*	Japanischer Zwergkaiserfisch
	C. joculator	Cocos-Zwergkaiserfisch
	C. multicolor	Vielfarben-Zwergkaiserfisch
„*bicolor*“-Komplex	*C. bicolor*	Zweifarben-Zwergkaiserfisch
„*flavissima*“-Komplex	*C. eibli*	Eibls Zwergkaiserfisch
	C. flavissima	Zitronen-Zwergkaiserfisch
	C. vrolikii	Perlschuppen Zwergkaiserfisch
„*aurantia*“-Komplex	*C. aurantia*	Goldstreifen-Zwergkaiserfisch
„*colini*“-Komplex	*C. colini*	Colins Zwergkaiserfisch
C. (Xiphypops)	*acanthops*	Orangerücken-Zwergkaiserfisch
	argi	Blauer Zwergkaiserfisch
	fisheri	Hawaii-Zwergkaiserfisch
C. (Paracentropyge)	*multifasciata*	Zebra-Zwergkaiserfisch
	venusta	Purpurmasken-Zwergkaiserfisch

* Zudem wurden schon einige Hybriden produziert.

den in Betracht. Die frisch geschlüpften Nauplien einiger Arten dieser Krebstierchen haben einen Durchmesser von ca. 30 µm. Sie sind also in puncto Größe und Nährstoffgehalt das optimale Erstfutter. Zudem stimulieren die Copepoden durch ihre ruckartige Schwimmweise den Jagdinstinkt der Larven und sind leicht zu fangen.

Die Tabelle auf Seite 25 gibt einen Überblick der bereits nachgezogenen Zwergkaiserfische mit Stand September 2023. Es ist davon auszugehen, dass in naher Zukunft weitere Arten als Nachzucht zu erhalten sein werden.

Mimikry

Schutzmimikry, also die Nachahmung anderer Lebewesen, die dazu führt, dass der Nachahmer dadurch einen Überlebensvorteil hat, ist ein weit verbreitetes Phänomen in der Tierwelt. Uns allen ist beispielsweise bekannt, dass Schwebfliegen die schwarz-gelbe Warnfärbung der Wespen auf ihrem Hinterleib nachahmen und sich dadurch vor Fressfeinden schützen.

Auch unter den Doktorfischen der Gattung *Acanthurus* gibt es eine solche Mimikry, bei der einige Arten bestimmte *Centropyge*-Spezies imitieren. Hierzu zählen z. B. juvenile Schokoladen-Doktorfische (*Acanthurus pyroferus*), die die Zwergkaiserfische *C. flavissima*, *C. heraldi* und *C. vrolikii* nachahmen können, oder auch juvenile Indik-Mimikry-Doktorfische (*Acanthurus tristis*), die Eibls Zwergkaiserfisch (*C. eibli*) imitieren.

Eibls Zwergkaiserfisch (*Centropyge eibli*, rechts) und juveniler Indik-Mimikry-Doktorfisch (*Acanthurus tristis*, links) als Nachahmer

Zitronen-Zwergkaiserfisch (*Centropyge flavissima*; links) und juveniler Schokoladen-Doktorfisch (*Acanthurus pyroferus*; unten) als Nachahmer
Fotos: D. Knop

Welche Vorteile ziehen die Doktorfische aus dieser Nachahmung? Hierzu gibt es eine sehr interessante Studie von EAGLE & JONES (2006) an *A. pyroferus* und einem seiner Vorbilder, *Centropyge vrolikii*. Jungtiere des Doktorfischs *A. pyroferus* imitieren die Färbung ver-

Die am häufigsten im Fachhandel angebotene Farbmorphe des Streifen-Zwergkaiserfischs (*Centropyge bispinosa*)

schiedener Zwergkaiserfische an unterschiedlichen Orten im Verbreitungsgebiet des Doktorfischs, während sie als Erwachsene die artspezifische Färbung annehmen. Die Doktorfische durchlaufen einen Übergang von der juvenilen (Mimikry-)Färbung zur adulten (Nicht-Mimikry-)Färbung, wenn sie die maximale Größe des Zwergkaiserfisches erreicht haben.

Die o. g. Studie konnte zeigen, dass junge Doktorfische durch die Nachahmung des Zwergkaiserfisches einen Vorteil bei der Nahrungssuche erlangen. Nachahmende Doktorfische wurden immer in einem Umkreis von 1–2 m um ein ähnlich großes Exemplar von *C. vrolikii* gefunden, mit dem sie ca. 10 % ihrer Zeit in enger Gesellschaft schwammen. Dabei verbrachten die jungen Doktorfische etwa 10 % mehr Zeit mit der Nahrungssuche als allein. Dieser Vorteil bei der Nahrungssuche scheint auf eine geringere Aggressivität der territorialen Riffbarsche (*Plectroglyphidon lacrymatus*) zurückzuführen zu sein, die den Lebensraum des Riffdachs dominieren. Während adulte *A. pyroferus* aggressiv aus den Revieren der Riffbarsche vertrieben werden, wurden die Mimikry-Doktorfische und ihre Vorbilder weniger häufig angegriffen und nicht immer vertrieben.

Die Analyse des Mageninhalts zeigte, dass sich die Ernährung von *C. vrolikii* wesentlich von der von *P. lacrymatus* unterschied, während die von *A. pyroferus* derjenigen dieser Riffbarsche ähnlicher war. Somit lautet die Hypothese, dass die Nachahmer die Riffbarsche in Bezug auf ihre Ernährung täuschen, um Zugang zu den Nahrungsvorräten in verteidigten Gebieten zu erhalten.

Im Handel erhältliche Arten

Nachfolgend werden die meisten der im Handel erhältlichen Arten vorgestellt. Die Informationen zur Maximalgröße, Tiefenverbreitung und Verbreitungsgebiet stammen aus ALLEN et al. (1998) sowie von PYLE (2003). Tiefenverbreitung und Verbreitungsgebiet sind dabei Näherungswerte, die durch neue Felduntersuchungen erweitert werden könnten.

Untergattung *Centropyge*

***Centropyge-bispinosa*-Komplex**
Enthält die fünf Arten *C. bispinosa*, *C. ferrugata*, *C. loriculus*, *C. potteri* und *C. shepardi*.

Streifen-Zwergkaiserfisch (*Centropyge bispinosa*)

Vorkommen: Sehr weite Verbreitung im Indo-West- und Zentralpazifik von Ostafrika bis Tuamotu, im Norden bis nach Japan und im Süden bis zur Lord-Howe-Insel; die Tiefenverbreitung liegt zwischen 5 und mindestens 45 m.

Größe: bis 10 cm

Beschreibung und Aquarienpflege: Die Art bevorzugt den äußeren Riffhang und korallenreiche Lagunen, entweder alleine oder in kleine-

Blasse Farbvariante des Streifen-Zwergkaiserfischs (*Centropyge bispinosa*) aus dem Pazifik

ren Gruppen; ist im natürlichen Biotop sehr scheu und entfernt sich nie weit von seinen Unterschlüpfen.

Ist sehr leicht zu pflegen und passt sich als Wildfang schnell an Aquarienbedingungen und Ersatzfutter an. Die Dekoration sollte reich strukturiert sein und einige passende Höhlen bzw. Unterschlüpfe umfassen. Nach der Eingewöhnung legt dieser Zwergkaiser in der Regel seine Scheu ab und schwimmt auch tagsüber immer wieder im Freiwasser des Aquariums.

Es gibt verschiedene Farbmorphen, die z. T. aus unterschiedlichen Regionen stammen. Einige sind hier abgebildet. Zudem sind von Guam Hybriden aus *C. bispinosa* x *C. shepardi* beschrieben.

Nachzuchten: sind erhältlich

Variante des Streifen-Zwergkaiserfischs (*Centropyge bispinosa*) von Samoa

Rotbrauner Zwergkaiserfisch (*Centropyge ferrugata*)

Vorkommen: Westlicher Pazifik, vom südlichen Japan bis zu den Philippinen, in Tiefen von 6–30 m

Größe: bis 10 cm

Beschreibung und Aquarienpflege: Bewohnt entweder alleine oder in kleinen Gruppen felsige und geröllartige Gebiete mit intensivem Algenaufwuchs.
Ist Shepards Zwergkaiserfisch (*C. shepardi*) sehr ähnlich (siehe Seite 34). Dieser besitzt auf den Flanken jedoch zahlreiche dünne, dunkle, senkrechte Streifen, wohingegen *C. ferrugata* ein Punktmuster aufweist.

Ist häufiger im Handel erhältlich. Nach Eingewöhnung pflegeleicht und ausdauernd.

Nachzuchten: Mit Stand September 2023 ist unbekannt, ob die Nachzucht bereits gelungen ist.

Rotbrauner Zwergkaiserfisch (*Centropyge ferrugata*) im Händlerbecken

Flammen-Zwergkaiserfisch (*Centropyge loriculus*)

Vorkommen: Westlicher Pazifik, von Palau bis zu den Marquesas, Hawaii und Ducie Island, in Tiefen von 5–60 m

Größe: bis 10 cm

Beschreibung und Aquarienpflege: Einer der beliebtesten und am auffälligsten gefärbten Zwergkaiserfische. Passt sich gut an Aquarienbedingungen an und ist besonders pflegeleicht.

Lebt im Riff sehr versteckt und hält sich immer in der Nähe seiner Wohnhöhlen auf. Hybriden mit *C. potteri* und *C. bispinosa* sind bekannt.

Nachzuchten: kommen vereinzelt in den Handel

Flammen-Zwergkaiserfisch (*Centropyge loriculus*)

Potters Zwergkaiserfisch (*Centropyge potteri*)

Vorkommen: Lebt endemisch in den Gewässern von Hawaii unterhalb von 10 m.

Größe: bis 10 cm

Beschreibung und Aquarienpflege: Als Endemit der hawaiianischen Inseln kommt die Art aufgrund von Handelsbeschränkungen kaum in den Handel, aktuell nur als Nachzucht.

Bewohnt felsige Gebiete sowie Biotope, die reich an Korallenbewuchs sind. Wie viele Zwergkaiserfische lebt auch *C. potteri* sehr versteckt und entfernt sich nie weit von seinen Unterschlüpfen. Benötigt im Aquarium zahlreiche Versteckplätze. Einmal eingewöhnt, gut pflegbar. Hybriden mit *C. loriculus* sind bekannt.

Nachzuchten: kommen in den Handel

Potters Zwergkaiserfisch (*Centropyge potteri*) Foto: P. Atkinson/ Shutterstock

Shepards Zwergkaiserfisch (*Centropyge shepardi*)

Vorkommen: Westlicher Pazifischer Ozean bei den Mariana- und Bonin-Inseln bis in den Norden bei den Izu-Inseln. Seine Tiefenverbreitung erstreckt sich zwischen 10 und 56 m.

Größe: bis 12 cm

Beschreibung und Aquarienpflege: Bewohnt entweder alleine oder in kleineren Harems hauptsächlich die Außenriffbezirke mit abwechslungsreichem Korallenbewuchs. Gelegentlich findet man die Art auch in korallenbewachsenen Lagunen. Benötigt im Aquarium zahlreiche Versteckmöglichkeiten. Insbesondere Jungfische leben versteckt und sind sehr scheu.

Kann mit dem Rotbraunen Zwergkaiserfisch (*C. ferrugata*) verwechselt werden (siehe Seite 31).

Hybriden mit dem Streifen-Zwergkaiserfisch (*C. bispinosa*) sind von der Insel Guam beschrieben worden (ALLEN et al. 1998).

Nachzuchten: Mit Stand September 2023 ist unbekannt, ob die Nachzucht bereits gelungen ist.

Shepards Zwergkaiserfisch (*Centropyge shepardi*)

Centropyge-multicolor-Komplex

Enthält die sechs Arten *C. debelius*, *C. hotumatua*, *C. interrupta*, *C. joculator*, *C. multicolor* und *C. nahackyi.* Davon kommt eigentlich nur der Vielfarben-Zwergkaiserfisch (*C. multicolor*) regelmäßig in den Handel, seltener der Japanische Zwergkaiserfisch (*C. interrupta*). Der Cocos-Zwergkaiserfisch (*C. joculator*) und der Blaue Mauritius-Zwergkaiserfisch (*C. debelius*) sind sehr seltene Exoten, die – wenn überhaupt – nur sehr sporadisch importiert werden. Die zwei anderen Arten spielen in der Riffaquaristik keine Rolle.

Vielfarben-Zwergkaiserfisch (*Centropyge multicolor*)

Vorkommen: Westlicher und zentraler Pazifik einschließlich Palau, Karolinen, Fidschi, Gilbert-, Cook- und Gesellschaftsinseln in einer Tiefe zwischen 20 und 90 m

Größe: bis 9 cm

Beschreibung und Aquarienpflege: Bewohnt die Außenriffhänge zwischen Korallengeröll und unter Überhängen. Ist im natürlichen Biotop sehr scheu und lebt bevorzugt versteckt.

Die Aquarienpflege ist sehr einfach. Wie bei allen Zwergkaiserfischen ist die Paarzusammenstellung in der Regel sehr erfolgreich, wenn man ein größeres Exemplar mit einem kleineren vergesellschaftet. Hierbei kann es anfänglich einige Reibereien geben. Daher werden zur Pflege zahlreiche Versteckplätze benötigt, in die das kleinere Tier sich zurückziehen kann.

Nachzuchten: kommen in den Handel

Vielfarben-Zwergkaiserfisch (*Centropyge multicolor*)

Blauer Mauritius-Zwergkaiserfisch (*C. debelius*)

Vorkommen: Südwestlicher Indischer Ozean, endemisch bei Mauritius, Réunion und dem Aldabra-Atoll in Tiefen zwischen 50 und 90 m.

Größe: bis 9 cm

Beschreibung und Aquarienpflege: Bevorzugt felsige Biotope mit starkem Algenwuchs. Ist einer der seltensten Zwergkaiserfische und wird auch aufgrund seiner Tiefenverbreitung kaum einmal gesichtet. Daher wird er auch nur extrem selten für die Aquaristik importiert. Aquarienerfahrungen hinsichtlich einer gemeinsamen Pflege mit Korallen sind zurzeit unbekannt. Wäre aber sicherlich ein hübscher Fisch für Riffbecken, wenn die Nachzucht gelingen würde.

Nachzuchten: Mit Stand September 2023 ist unbekannt, ob die Nachzucht bereits gelungen ist.

Blauer Mauritius-Zwergkaiserfisch (*Centropyge debelius*)
Foto: D. Knop

Japanischer Zwergkaiserfisch (*Centropyge interrupta*)

Vorkommen: Nordwestlicher Pazifik von der Tosa Bay bis hin zu den hawaiianischen Inseln Midway und Kure, in Tiefen von 15–60 m

Größe: bis 15 cm

Beschreibung und Aquarienpflege: Bewohnt primär Felsküsten und Gebiete mit moderatem Korallenbewuchs.

Sehr leicht im Aquarium zu pflegen. Leider scheint sich die intensiv blaue Färbung bei vielen Exemplaren bei einer langjährigen Aquarienpflege abzuschwächen und wird durch eine überwiegend orange Färbung ersetzt. Eine regelmäßige Vitaminisierung des Futters kann die Farbveränderung zumindest aufhalten. Auch sollte regelmäßig Algennahrung angeboten werden.

Nachzuchten: gelangen in den Handel

Nachzucht des Japanischen Zwergkaiserfischs (*Centropyge interrupta*) im Schaubecken von De Jong Marinelife auf der Interzoo 2014

Cocos-Zwergkaiserfisch (*Centropyge joculator*)

Vorkommen: Endemit der Cocos-Keeling-Insel und der Weihnachtsinseln im östlichen indischen Ozean. Hier bewohnt er in der Regel Tiefen von 15 bis mindestens 70 m, kann aber gelegentlich auch im Flachwasser von Abhängen („drop-offs“) gefunden werden.

Größe: bis 9 cm

Beschreibung und Aquarienpflege: Ist einer der seltensten Zwergkaiserfische und in Europa kaum im Handel zu finden. Bewohnt entweder einzeln oder in kleinen Gruppen von 5–6 Exemplaren Korallen- oder Geröllgebiete der seeseitigen Riffhänge.

Die wenigen Erfahrungen mit dem Cocos-Zwergkaiserfisch deuten darauf hin, dass seine Aquarienpflege einfach ist. Zudem scheint er gut mit Korallen zu vergesellschaften zu sein.

Ist dem Blaugelben Zwergkaiserfische (*C. bicolor*) sehr ähnlich (siehe Seite 39), jedoch fehlt *C. joculator* der blaue Streifen oberhalb der Algen.

Nachzuchten: kommen in Europa sehr selten in den Handel

Cocos-Zwergkaiserfisch (*Centropyge joculator*) im Indopazifikbecken von Jack Elliot, Langenfeld

Centropyge-bicolor-Komplex

Enthält die sechs Arten *C. bicolor*, *C. flavipectoralis*, *C. heraldi*, *C. multispinis*, *C. tibicin* und *C. woodheadi*. Bis auf *C. flavipectoralis* werden alle Arten regelmäßig im Handel angeboten.

Zweifarben-Zwergkaiserfisch (*Centropyge bicolor*)

Vorkommen: Sehr weite Verbreitung im westlichen und zentralen Pazifik von Malaysia bis Polynesien, nördlich bis zum südlichen Japan

Zweifarben-Zwergkaiserfisch (*Centropyge bicolor*)

und südlich bis Neukaledonien, Großes Barriereriff und nordwestliches Australien. Kommt vom Flachwasser bis in 25 m Tiefe vor.

Größe: bis 15 cm

Beschreibung und Aquarienpflege: Ist aufgrund seiner kontrastierenden Färbung einer der am häufigsten importierten Zwergkaiserfische. Lebt einzeln, paarweise oder in kleinen Haremsgruppen in Biotopen, die stark mit Korallen bewachsen sind.

Vom Zweifarben-Zwergkaiserfisch sind zahlreiche Farbmorphen z. B. von Fidschi oder auch dem Korallenmeer beschrieben worden (siehe z. B. Debelius & Kuiter 2003, Shen & Chang 2022). Allerdings kommen diese Farbmorphen nur extrem selten in den Handel.

Centropyge bicolor ist dem Cocos-Zwergkaiserfisch (*C. joculator*) sehr ähnlich (siehe Seite 38), dem allerdings der blaue Streifen oberhalb der Augen fehlt.

Adulte Exemplare sind manchmal schwierig an Ersatzfutter zu gewöhnen. Daher sollten möglichst juvenile Exemplare erworben werden. *Centropyge bicolor* ist in puncto Riffsicherheit einer der am kontroversesten diskutierten Zwergkaiserfische, denn es gibt große individuelle Unterschiede, was die Verträglichkeit gegenüber Muscheln und LPS-Korallen betrifft.

Beobachtungen belegen, dass *C. bicolor* unter den artifiziellen Bedingungen eines Aquariums als Putzerfisch andere Fische (z. B. den Palettendoktorfisch, *Paracanthurus hepatus*) von Ektoparasiten befreit (Narvaez & Morais 2020). Ob der Zweifarben-Zwergkaiserfisch auch im Korallenriff als Putzerfisch agiert, ist unbekannt.

Nachzuchten: Die Nachzucht ist bereits gelungen.

Heralds Zwergkaiserfisch (*Centropyge heraldi*)

Vorkommen: Zentraler und westlicher Pazifik vom südlichen Japan und Taiwan bis nach Tuamotu, südlich bis zum Großen Barriereriff, in Tiefen von 8–40 m

Größe: bis 10 cm

Beschreibung und Aquarienpflege: Bewohnt die äußeren Riffhänge und Flachwasserlagunen.

Sehr einfach zu pflegen und ausdauernd. Allerdings ist bei *C. heraldi* die Gefahr groß, dass Korallen angeknabbert werden. Somit ist die Art für ein Steinkorallenbecken mit Vorsicht zu genießen. Eine Vergesellschaftung mit Lederkorallen und Scheibenanemonen ist problemlos möglich.

Ist dem Zitronen-Zwergkaiserfisch (*C. flavissima*) sehr ähnlich (siehe Seite 45), jedoch fehlt *C. heraldi* der blaue Augenring und die blauen Zeichnungselemente im Bereich der Kiemen. Wird von dem Doktorfisch *Acanthurus pyroferus* imitiert.

Nachzuchten: Mit Stand September 2023 ist unbekannt, ob die Nachzucht bereits gelungen ist.

Heralds Zwergkaiserfisch (*Centropyge heraldi*); im Hintergrund ist Eibls Zwergkaiserfisch (*Centropyge eibli*) partiell zu sehen

Brauner Zwergkaiserfisch (*Centropyge multispinis*)

Vorkommen: Westlicher und nördlicher Indischer Ozean, vom Roten Meer bis Westküste Thailands, in Tiefen von 1–30 m

Größe: bis 9 cm

Beschreibung und Aquarienpflege: Ist im Freiland einer der häufigsten Zwergkaiserfische. Hier bewohnt er zahlreiche Habitate einschließlich Substraten mit Korallengeröll, Lagunen und Außenriffbezirke, immer mit Steinkorallenwuchs. Ist sehr einfach zu pflegen und nimmt in kürzester Zeit alle Ersatzfutterarten an. Benötigt jedoch, wie die meisten Zwergkaiserfische, zahlreiche Versteckplätze.

Nachzuchten: Mit Stand September 2023 ist unbekannt, ob die Nachzucht bereits gelungen ist.

Brauner Zwergkaiserfisch (*Centropyge multispinis*)

Schlüsselloch-Zwergkaiserfisch (*Centropyge tibicen*)

Vorkommen: Indo-Westpazifik von Nordwest-Australien im Westen bis Neu-Kaledonien im Osten, im Norden bis Süd-Japan und im Süden bis zur Lord-Howe-Insel. Die Tiefenverbreitung beträgt 4–35 m.

Größe: mit 18 cm Gesamtlänge eine der größten Zwergkaiserfisch-Arten

Beschreibung und Aquarienpflege: Trotz seines recht großen Verbreitungsgebiets ist der Schlüsselloch-Zwergkaiserfisch relativ selten. Er bewohnt bevorzugt geröllhaltige Zonen in Lagunen und Außenriffhängen. Einer der am einfachsten zu pflegenden Zwergkaiserfische. Allerdings gibt es zahlreiche Beobachtungen, denen zufolge er sich an Steinkorallen vergreift. Leder- und Weichkorallen scheinen dagegen weniger betroffen zu sein.

Lebt entweder alleine oder in kleinen Haremsgemeinschaften.

Beobachtungen belegen, dass *C. tibicen* unter den artifiziellen Bedingungen eines Aquariums als Putzerfisch andere Fische (z. B. den Palettendoktorfisch, *Paracanthurus hepatus*) von Ektoparasiten befreit (Narvaez & Morais 2020). Ob der Schlüsselloch-Zwergkaiserfisch auch im Korallenriff als Putzerfisch agiert, ist unbekannt.

Nachzuchten: Mit Stand September 2023 ist unbekannt, ob die Nachzucht bereits gelungen ist.

Schlüsselloch-Zwergkaiserfisch (*Centropyge tibicen*)

Woodheads Zwergkaiserfisch (*Centropyge woodheadi*)

Vorkommen: Pazifik, von der Korallensee und dem Großen Barriereriff über die Salomonen bis nach Fidschi. Die Tiefenverbreitung beträgt 9–20 m.

Größe: bis 8 cm

Beschreibung und Aquarienpflege: Seltene Art, die nur gelegentlich in den Handel kommt. Bewohnt korallenreiche Biotope, ist aber auch über Geröllböden zu finden, wo sie einzeln, in Paaren oder kleinen Gruppen lebt. *Centropyge woodheadi* ist einer der am leichtesten zu pflegenden Zwergkaiserfische und somit auch dem Einsteiger in das Hobby zu empfehlen.

Woodheads Zwergkaiserfisch ist Heralds Zwergkaiserfisch sehr ähnlich und wurde daher lange Zeit als geografische Variante von *C. heraldi* betrachtet (siehe Seite 40). Aktuelle Untersuchungen stützen allerdings den Status von Woodheads Zwergkaiserfisch als eigenständige Art (Steinke et al. 2009)

Nachzuchten: Mit Stand September 2023 ist unbekannt, ob die Nachzucht bereits gelungen ist.

Woodheads Zwergkaiserfisch (*Centropyge woodheadi*)

Centropyge-flavissima-Komplex

Enthält die vier Arten *C. flavissima*, *C. eibli*, *C. vrolokii* und *C. cocosensis*. Bis auf *C. cocosensis*, einer Art aus dem östlichen Indischen Ozean bei Cocos (Keeling) Islands und von den Weihnachtsinseln, sind alle Vertreter regelmäßig im Handel anzutreffen.

Zitronen-Zwergkaiserfisch (*Centropyge flavissima*)

Vorkommen: Sehr großes Verbreitungsgebiet vom östlichen Indischen Ozean (Weihnachts- und Cocos-Keeling-Inseln) bis Süd-Pazifik (Marquesas, Ducie Island, Lord-Howe-Insel); nördlich bis zu den Riukiuinseln und südlich bis Neukaledonien, am häufigsten im Flachwasser oberhalb von 20 m.

Größe: bis 14 cm

Beschreibung und Aquarienpflege: Bewohnt bevorzugt korallenreiche Gebiete in Lagunen sowie Riffaußenhänge, kann aber auch in Riffkanälen vorkommen. Sehr einfach zu pflegen. Hervorragend für Riffaquarien geeignet, da Übergriffe auf Wirbellose nur extrem selten sind. Sollte unbedingt als Nachzucht erstanden werden, die heute regelmäßig im Handel sind.

Ist sehr eng mit Eibls Zwergkaiserfisch (*C. eibli*; Seite 48) und dem Perlschuppen-Zwergkaiserfisch (*C. vrolikii*; Seite 49) verwandt. Mit beiden Arten kommt es zu Hydrisierungen, Hybriden werden regelmäßig im Handel angeboten.

Sieht Heralds Zwergkaiserfische (*C. heraldi*) sehr ähnlich (siehe Seite 40), besitzt jedoch einen blauen Augenring und blaue Zeichnungselemente im Bereich der Kiemen.

Interessant ist die Nachahmung des Zitronen-Zwergkaiserfischs durch juvenile Schokoladen-Doktorfische (*Acanthurus pyroferus*). Solche Mimikry-Doktorfische gelangen ebenfalls regelmäßig in den Handel (siehe Seite 27).

Nachzuchten: kommen regelmäßig in den Handel

Zitronen-Zwergkaiserfisch (*Centropyge flavissima*)

Centropyge woodheadi (oben rechts) gehört zu einem Komplex von Zwergkaiserfischen, die eine gelbe Gundfärbung haben. Andere Arten, die zu diesem Farbkomplex gehören, sind z. B. *C. heraldi* (oben links), *C. flavissima* und *C. bicolor*. Trotz des weitgehend identischen Aussehens steht *C. flavissima* (unten links) genetisch näher zu *C. bicolor* (unten rechts) als zu *C. heraldi*.

Eibls Zwergkaiserfisch (*Centropyge eibli*)

Vorkommen: Östlicher Indischer Ozean, Nordwest-Australien, Indonesien, östlich bis Flores, in Tiefen von 3–25 m

Größe: bis 11 cm

Beschreibung und Aquarienpflege: Bewohnt korallenreiche Gebiete. Eine Vergesellschaftung mit LPS-Korallen ist jedoch problematisch, da diese häufig angefressen werden. Insbesondere die Wunderkorallen (*Catalaphyllia jardinei*) scheinen vor einzelnen Individuen dieser Art nicht sicher zu sein. Aquarienbestände dieser LPS-Art können innerhalb kürzester Zeit ausgerottet werden.

Ist sehr eng mit dem Zitronen-Zwergkaiserfisch (*C. flavissima*; Seite 45) und dem Perlschuppen-Zwergkaiserfisch (*C. vrolikii*; Seite 40) verwandt. Mit beiden Arten kommt es zu Hybridisierungen, Hybriden werden im Handel angeboten.

Interessant ist die Nachahmung von Eibls Zwergkaiserfisch durch juvenile Indik-Mimikry-Doktorfische (*Acanthurus tristis*). Solche Mimikry-Doktorfische gelangen ebenfalls regelmäßig in den Handel (siehe Seite 26).

Nachzuchten: kommen regelmäßig in den Handel

Eibls Zwergkaiserfisch (*Centropyge eibli*)

Perlschuppen-Zwergkaiserfisch (*Centropyge vrolikii*)

Vorkommen: Indo-Westpazifik von den Weihnachtsinseln bis nach Vanuatu und den Marshall-Inseln, nördlich bis zum südlichen Japan und südlich bis zur Lord-Howe-Insel, bis 25 m Tiefe

Größe: bis 12 cm

Beschreibung und Aquarienpflege: Bewohnt Lagunenriffe und die äußeren Riffhänge mit starkem Aufwuchs von Algen und Schwämmen. Sehr haltbarer Pflegling. Übergriffe auf Korallen sind selten. Benötigt zahlreiche Versteckplätze.

Ist sehr eng mit Zitronen-Zwergkaiserfisch (*C. flavissima*; Seite 45) und und Eibls Zwergkaiserfisch (*Centropyge eibli*, Seite 48) verwandt. Mit beiden Arten kommt es zu Hydrisierungen, Hybriden werden regelmäßig im Handel angeboten.

Interessant ist die Nachahmung des Perlschuppen Zwergkaiserfischs durch juvenile Schokoladen-Doktorfische (*Acanthurus pyroferus*). Solche Mimikry-Doktorfische gelangen ebenfalls regelmäßig in den Handel (siehe Seite 26).

Nachzuchten: kommen regelmäßig in den Handel

Perlschuppen-Zwergkaiserfisch (*Centropyge vrolikii*)

Centropyge-aurantia-Komplex

Enthält die drei Arten *C. aurantia, C. nox* und *C. deborae,* Während die ersten beiden Arten gelegentlich vom Fachhandel angeboten werden, ist *C. deborae* extrem selten, so dass gesicherte Pflegeerfahrungen nicht vorliegen. Diese Art wird daher nachfolgend nicht vorgestellt.

Goldstreifen-Zwergkaiserfisch (*Centropyge aurantia*)

Vorkommen: Westlicher Pazifischer Ozean von Indonesien (die Ostküsten) bis nach Papua-Neuguinea, Samoa und dem Großen Barriereriff, in Tiefen von 3 bis mindestens 15 m

Größe: bis 10 cm

Beschreibung und Aquarienpflege: Sehr versteckt lebende Art, die ihre Höhlen und Unterschlüpfe in den Korallenriffen nur sehr selten verlässt und ins Freiwasser schwimmt. Behält diese versteckte Lebensweise auch im Aquarium bei, insbesondere wenn darin schnelle und hektische Fische gepflegt werden. Die Dekoration muss zahlreiche Höhlen und Unterschlüpfe aufweisen, die am besten teilweise miteinander verbunden sein sollten. Aufgrund seiner Lebensweise kann es schwierig sein, den Goldstreifen-Zwergkaiserfisch an frei schwebendes Ersatzfutter zu gewöhnen. Daher sollten Exemplare dieser Art nur in gut eingefahrenen Aquarien gepflegt werden, die schon eine etablierte Mikroorganismengemeinschaft aufweisen. *Centropyge aurantia* ist nur dem erfahrenen Pfleger zu empfehlen.

Goldstreifen-Zwergkaiserfisch (*Centropyge aurantia*)
Foto: D. Knop

Nachzuchten: kommen in den Handel

Mitternachts-Zwergkaiserfisch (*Centropyge nox*)

Vorkommen: Westlicher Pazifik von den Riukiuinseln und Palau südlich bis zum Großen Barriereriff und Neukaledonien, in Tiefen von 10 bis mindestens 70 m

Größe: bis 9 cm

Beschreibung und Aquarienpflege: Lebt in korallenreichen Zonen in geschützten Außenriffbereichen, Lagunen und Riffkanälen. Die Dekoration sollte stark strukturiert sein und zahlreiche Höhlen aufweisen, damit der Mitternachts-Zwergkaiserfisch seine versteckte Lebensweise beibehalten kann. Werden keine Höhlen angeboten, wird *C. nox* sehr schreckhaft und aufgrund des stetigen Stresses auch krankheitsanfällig. Ist das Aquarium dagegen entsprechend eingerichtet, kann die Art auch dem Anfänger empfohlen werden.

Hybriden mit *C. heraldi* gelangen in den Handel (siehe Seite 10).

Nachzuchten: Mit Stand September 2023 ist unbekannt, ob die Nachzucht bereits gelungen ist.

Mitternachts-Zwergkaiserfisch (*Centropyge nox*). Aufgrund ihrer versteckten Lebensweise ist diese Art nur sehr schwierig in entsprechend eingerichteten Aquarien zu fotografieren.

Centropyge-colini-Komplex

Enthält die drei Arten *C. colini, C. narcosis und C. abei.* Obwohl *C. colini* bereits nachgezogen werden kann, kommen Nachzuchten aktuell leider nur extrem selten in den Handel.

Der Narkose-Zwergkaiserfisch (*C. narcosis*) gehört zu den Tiefwasser-Arten, mit einer Tiefenverbreitung unterhalb von 100 m. Er wurde zum ersten Mal 1989 gefangen und 1992 von PYLE & RANDALL beschrieben. Die Art scheint endemisch bei den Cook-Inseln im Südpazifik vorzukommen. Obwohl sie bereits in Japan und den USA in den Handel kamen, wurden Aquarienbeobachtungen aus Deutschland bisher nicht bekannt. Da ich davon ausgehe, dass *C. narcosis* auch in naher Zukunft hierzulande nicht vom Fachhandel angeboten wird, soll die Art an dieser Stelle auch nicht weiter behandelt werden.

Colinis Zwergkaiserfisch (*Centropyge colini*) Foto: D. Knop

Die Zuordnung von *C. abei* in den *Centropyge-colini*-Komplex ist noch nicht final wissenschaftlich abgesichert. Aufgrund seiner extremen Seltenheit wird er nachfolgend nicht vorgestellt.

Colins Zwergkaiserfisch (*Centropyge colini*)

Vorkommen: Indonesien, Palau, Papua-Neuguinea, Marshall-Inseln, Fidschi, Guam und Cocos-Keeling-Inseln, von 25 bis mindestens 75 m

Größe: bis 9 cm

Beschreibung und Aquarienpflege: Bewohnt meist Unterschlüpfe und Höhlen des steilen Außenriffhangs. Diese Art ist sehr selten und lebt zudem sehr versteckt.

Nachzuchten im Handel sind in der Regel nur 2–3 cm lang. Sie sind sehr empfindlich und müssen daher zunächst gut angefüttert werden, z. B. in einem Refugium oder einer „Schwimmschule", siehe Seite 20, bevor sie in das Becken entlassen werden. Dies gilt insbesondere, wenn sich im Becken schon einige aggressive Fische wie Riffbarsche oder hektische Fresser wie Doktorfische befinden. *Centropyge colini* ist nur dem erfahrenen Meerwasseraquarianer zu empfehlen.

Nachzuchten: kommen nur selten in den Handel

Untergattung *Xiphypops*

Die Untergattung *Xiphypops* enthält die sechs Arten *C.* (*Xiphypops*) *acanthops*, *C.* (*Xiphypops*) *argi*, *C.* (*Xiphypops*) *aurantonota*, *C.* (*Xiphypops*) *fisheri*, *C.* (*Xiphypops*) *nigriocellus* und *C.* (*Xiphypops*) *resplendens*. Letzterer ist ein Endemit von Ascension im Zentral-Atlantik. Aufgrund der Abgeschiedenheit dieser Insel und vor allem eines Exportverbots gelangt dieser hübsche Zwergkaiserfisch nicht in den Handel. Bleibt zu hoffen, dass es in Zukunft einer Fischfarm gelingt, *C.* (*Xiphypops*) *resplendens* nachzuziehen und damit der Riffaquaristik zur Verfügung zu stellen.

Der Gelbrücken-Zwergkaiserfisch (*C.* (*Xiphypops*) *aurantonota*) lebt in der Südkaribik in Tiefen von 16 bis unter 200 m. Als wohl kleinster bekannter Zwergkaiserfisch erreicht er eine Länge von maximal 6 cm. Er wird jedoch sehr selten importiert und daher hier nicht vorgestellt. Der Gelbrücken Zwergkaiserfisch ist dem Orangerücken-Zwergkaiserfisch (*C.* (*Xiphypops*) *acanthops*) extrem ähnlich, sodass Verwechselungen leicht möglich sind. Letzterer hat jedoch eine gel-

Orangerücken-Zwergkaiserfisch (*C.* (*Xiphypops*) *acanthops*)

be Schwanzflosse, wogegen *C.* (*Xiphypops*) *aurantonota* eine blaue besitzt.

Centropyge (*Xiphypops*) *nigriocellus* habe ich bisher nicht im Handel oder privaten Aquarien gesehen. Auch diese Art wird daher nachfolgend nicht vorgestellt.

Orangerücken-Zwergkaiserfisch (*C.* (*Xiphypops*) *acanthops*)

Vorkommen: Ostafrika von Somalia bis Südafrika sowie Mauritius, Seychellen, Chagos-Archipel und vor der Küste von Oman, in Tiefen von 8–40 m

Größe: bis 8 cm

Beschreibung und Aquarienpflege: Bewohnt entweder alleine oder in Gruppen von bis zu zehn Exemplaren Bereiche des Korallenriffs, die einen dichten Algenaufwuchs aufweisen. Die Aquarienpflege ist einfach, solange ausreichend Algennahrung geboten wird. Der Orangerücken-Zwergkaiserfisch sollte unbedingt paarweise gepflegt werden. Aufgrund seiner geringeren Größe sind für seine Haltung bereits Aquarien mit einer Länge von 100–120 cm geeignet.

Ist dem Gelbrücken-Zwergkaiserfisch (*C.* (*Xiphypops*) *aurantonota*) sehr ähnlich. Dieser hat jedoch eine blaue Schwanzflosse, wogegen *C.* (*Xiphypops*) *acanthops* eine gelbe besitzt.

Nachzuchten: Die Nachzucht ist bereits gelungen.

Farbmorphe des Orangerücken-Zwergkaiserfischs (*C.* (*Xiphypops*) *acanthops*) mit intensiv blauem Fleck auf der Schulter
Foto: D. Knop

Blauer Zwergkaiserfisch (*C.* (*Xiphypops*) *argi*)

Vorkommen: Karibik von den Bermudas und den Westindischen Inseln bis etwa Recife (Brasilien). In der Regel in Tiefen unterhalb von 30 m, kann jedoch gelegentlich auch in Tiefen von 5–10 m angetroffen werden.

Größe: bis 6,5 cm

Beschreibung und Aquarienpflege: Einer von zwei Zwergkaiserfischen, die in der Karibik vorkommen. Mit 6,5 cm ist er einer der kleinsten Gattungsvertreter und kann daher auch in kleineren Aquarien (Länge: 100 cm) durchaus paarweise gepflegt werden. Seine Lebensweise ist eng an Korallen und Korallengeröll gebunden, wo er immer unmittelbar vor seinen Wohnhöhlen schwimmt.

Einer der ersten Zwergkaiserfische, die in Aquarien gepflegt wurden. Ein robuster und ausdauernder Pflegling, der auch dem Einsteiger in das Hobby empfohlen werden kann.

Nachzuchten: Die Nachzucht ist bereits gelungen.

Blauer Zwergkaiserfisch (*C.* (*Xiphypops*) *argi*)

Hawaii-Zwergkaiserfisch (*C. (Xiphypops) fisheri*)

Vorkommen: Hawaii und Johnston-Atoll in Tiefen von 10–85 m

Größe: bis 6 cm

Beschreibung und Aquarienpflege: Ein sehr seltener Zwergkaiserfisch, der insbesondere Außenriffhänge bewohnt. Aufgrund des Exportverbots kommt er aktuell nicht in den Handel. Allerdings sind diese Beschränkungen ständigen Wechseln unterworfen, weshalb in Zukunft wieder mit Exporten gerechnet werden kann. Daher wird die Art hier aufgeführt.

Zusammen mit *C. (Xiphypops) aurantonota* der kleinste Zwergkaiserfisch. Daher kann er durchaus auch in kleineren Aquarien (Länge: 100 cm) paarweise gepflegt werden. Etablierte Exemplare sind ausdauernd, allerdings kann die Eingewöhnung mit der Gewöhnung an Ersatzfutter manchmal schwierig sein. Sollte daher zu Anfang nicht mit zu aggressiven und hektischen Fischen zusammen gepflegt werden.

Nachzuchten: Die Nachzucht ist bereits gelungen.

Hawaii-Zwergkaiserfisch (*C. (Xiphypops) fisheri*) Foto: D. Knop

Untergattung *Paracentropyge*

Die drei Arten dieser Untergattung werden im Handel regelmäßig als *Paracentropyge boylei*, *P. multifasciata* und *P. venusta* geführt. Der Cook-Zwergkaiserfisch (*C.* (*Paracentropyge*) *boylei*) wurde erst 1992 von Pyle & Randall wissenschaftlich beschrieben. Importe erzielten aufgrund seiner intensiven rot-orangen/weißen Streifenfärbung sehr große Aufmerksamkeit. Diese Art ist extrem selten und wird wohl kaum in größeren Mengen in den Fachhandel gelangen.

Zebra-Zwergkaiserfisch (*C.* (*Paracentropyge*) *multifasciata*)

Vorkommen: Hat von allen *Paracentropyge*-Arten das größte Verbreitungsgebiet: von Cocos-Keeling-Island und den Gesellschaftsinseln nördlich bis zu den Riukiuinseln und südlich bis zum Großen Barriereriff. Seine Tiefenverbreitung liegt zwischen 20 und 70 m, er kann aber gelegentlich auch in flacheren Lagunen gefunden werden.

Größe: bis 10 cm

Beschreibung und Aquarienpflege: Hat eine sehr versteckte Lebensweise in Höhlen und Unterschlüpfen des äußeren Riffhangs. Behält auch im Aquarium diese scheue Lebensweise bei und benötigt zahlreiche Höhlen und Versteckplätze in der Dekoration. Während der Eingewöhnung sehr empfindlich und sollte dann nicht mit hektischen Schwimmern und Fressern zusammen gepflegt werden. Kein Fisch für den Einsteiger in das Hobby,

Nachzucht des Zebra-Zwergkaiserfischs (*C.* (*Paracentropyge*) *multifasciata*) in einem gut strukturierten Riffaquarium

Nachzuchten: Nachzuchten werden regelmäßig im Handel angeboten. Sie sind dann in der Regel 2–3 cm groß. Solche Jungtiere können sich häufig nicht in einer bereits bestehenden Fischgemeinschaft durchsetzen. Sie müssen daher zunächst in einem angeschlossenen Teil des Technikbeckens, einem Refugium (das ist die optimale Zwischenhälterung) oder einer ausreichend großen „Schwimmschule“ zwischengehältert werden.

Purpurmasken-Zwergkaiserfisch (*C.* (*Paracentropyge*) *venusta*)

Vorkommen: West-Pazifik von Luzon, Philippinen, bis nach Taiwan, in Tiefen von 15–35 m

Größe: bis 13 cm

Beschreibung und Aquarienpflege: Der natürliche Lebensraum sind Höhlen der Außenriffhänge. Ist sehr transportempfindlich und zudem sehr empfindlich während der Eingewöhnungsphase. Sollte nur von erfahrenen Aquarianern gepflegt werden. Benötigt im Aquarium viele Versteckplätze.

Sehr selten kommt es im natürlichen Lebensraum zu Hybridisierung mit dem Zebra-Zwergkaiserfisch (*C.* (*Paracentropyge*) *multifasciata*). Solche Hybriden sind schon vom Fachhandel angeboten worden.

Nachzuchten: Nachzuchten werden regelmäßig im Handel angeboten. Nachzuchten sind in der Regel 2–3 cm groß. Solche Jungtiere können sich häufig nicht in einer bereits bestehenden Fischgemeinschaft durchsetzen. Sie müssen daher zunächst in einem angeschlossenen Teil des Technikbeckens, einem Refugium (das ist die optimale Zwischenhälterung) oder einer ausreichend großen „Schwimmschule" zwischengehältert werden.

Nachzucht des Purpurmasken-Zwergkaiserfischs (*C.* (*Paracentropyge*) *venusta*)

Cook-Zwergkaiserfisch (*C. (Paracentropyge) boylei*)

Vorkommen: Nach aktuellem Wissensstand endemisch in Rarotonga und den Cook-Inseln im Süd-Pazifik. Gehört zu den Tiefwasser-Zwergkaiserfischen mit einer Verbreitung zwischen 56 bis mindestens 120 m.

Größe: bis 7 cm

Beschreibung und Aquarienpflege: Im natürlichen Lebensraum bewohnt dieser Zwergkaiser Höhlen und Unterschlüpfe der Außenriffhänge, wo er sich wahrscheinlich von Aufwuchsalgen und benthischen Mikroorganismen ernährt. Ist aktuell – solange keine Nachzuchten verfügbar sind – nur dem sehr erfahrenen Pfleger zu empfehlen, der ein Spezialaquarium für die Twilight Zone mit den entsprechenden Wirbellosen und Fischen einrichten möchte.

Cook-Zwergkaiserfisch (*C. (Paracentropyge) boylei*) in einem Schauaquarium von DeJong Marinelife 2014

Der aufwendige Fang, Transport, Eingewöhnung, Farbenpracht und Seltenheit führen zu horrenden Verkaufspreisen. Schon die Dekompression der in einer Tiefe vom ungefähr 100 m mit dem Netz gefangenen Fische dauert etwa zwei Tage. Der erste Dekompressionsstopp findet in 60 m Tiefe statt. Von dort aus geht es dann über Zwischenstopps bei 30, 24, 18, 12 und 6 m an die Wasseroberfläche. In allen genannten Tiefen haben die Fische einen mehrstündigen Aufenthalt, damit sie sich an die veränderten Druckverhältnisse gewöhnen können.

Dann kommt die Transportphase. Der Weg von den Cook-Inseln nach z. B. Osaka, wo einer der bekanntesten Händler seltener Aquarienfische beheimatet ist, ist sehr weit, weshalb die Tiere gegebenenfalls zwischengehältert werden müssen. Hier bekommen sie auch einen Wasserwechsel mit natürlichem, aufbereitetem und UV-entkeimtem Meerwasser. Ein solcher Zwischenaufenthalt kann z. B. in Hongkong stattfinden. Ist das nötig, so wird natürliches Meerwasser von Okinawa nach Hongkong transportiert, womit dann der Teilwasserwechsel durchgeführt wird.

Die Eingewöhnung ist ebenfalls sehr aufwendig. Futter wird zwar sofort akzeptiert, z. B. in Form lebender Artemien. Doch stellen die Cook-Zwergkaiser extrem hohe Anforderungen an die Wasserqualität. Eine Gewöhnung an künstliches Meerwasser ist sehr schwierig. Darum wird häufig natürliches Meerwasser für die Hälterung verwendet, das allerdings u. a. durch UV-Entkeimung entsprechend aufbereitet wird (Brockmann 2019).

Nachzuchten: Mit Stand September 2023 ist unbekannt, ob die Nachzucht bereits gelungen ist.

Cook-Zwergkaiserfisch (*C.* (*Paracentropyge*) *boylei*) in einem Eingewöhnungsbecken von Koji Wada, Blue Harbor Aquarium, Osaka

Literatur

Allen, G. R., Steene & M. Allen (1998): A Guide to Angelfishes and Butterflyfishes. – Odyssey Publishing/Tropical Reef Research, USA/Australien.

Allen, G. R., F. Young & P. L. Colin (2006): *Centropyge abei*, a new species of deep-dwelling angelfish (Pomacanthidae) from Sulawesi, Indonesia. – Aqua: Journal of Ichthyology & Aquatic Biology 11: 13–19.

Baensch, F. (2004): Herzogfische der Gattung *Centropyge*. In: Nachzuchten für das Korallenriff-Aquarium (D. Brockmann Hrsg.), Seite 180-208. – Birgit Schmettkamp Verlag, Bornheim.

Brockmann, D. (2019): KORALLE im Gespräch mit Koji Wada, Osaka. – KORALLE 118: 16–18.

Brockmann, D. (2023)a: Das Meerwasseraquarium. Von der Planung bis zur erfolgreichen Pflege, 13. überarbeitete Auflage. – Natur und Tier - Verlag, Münster.

Brockmann, D. (2023b): Aller Anfang ist leicht: Der Spiegeltrick. – KORALLE 143: 66–68.

Debelius, H. & R. H. Kuiter (2003): Kaiserfische, Pomacanthidae. – Verlag Eugen Ulmer, Stuttgart.

Eagle, J. V. & G. P. Jones (2006): Mimicry in coral reef fishes: ecological and behavioural responses of a mimic to its model. – Journal of Zoology, https://doi.org/10.1017/S0952836904005473.

Narvaez, P. & R. A. Morais (2020): Filling an empty role: the first report of cleaning by pygmy angelfishes (Centropyge, Pomacanthidae). – Galaxea 22: 31–36.

Pyle, R. L. (2003): A systematic treatment of the reef-fish family Pomacanthidae (Pisces: Perciformes. – A dissertation submitted to the graduate division of the University of Hawai'i in partial fulfillment of the requirement for the degree of Doctor of Philosophy in Zoology. – https://scholarspace.manoa.hawaii.edu/server/api/core/bitstreams/b2e9335e-2513-45ae-b9d5-0434bfb05509/content.

Pyle, R. L., & J. E. Randall (1992): A new species of *Centropyge* from the Cook Islands, with a redescription of *Centropyge boylei*. – Revue française d'aquariologie (Nancy), 19(4), 115–124.

Pyle, R. L. & J. E. Randall (2004): A review of hybridization in marine angelfishes (Perciformes: Pomacanthidae). – Environmental Biology of fishes. – 41:. 127–145.

Randall, J. E. & B. A. Carlson (2000): Pygmy angelfish *Centropyge woodheadi* Kuiter, 1998, a synonym of *C. heraldi* Woods and Schultz, 1953. – Aqua, Journal for Ichthyology and Aquatic Biology 4: 1–4.

SCHNEIDEWIND, F. (1999): Kaiserfische. – Tetra-Verlag, Bissendorf-Wulften.

SHEN, K.-N., H.-C. HO & C.-W. CHANG (2012): The Blue Velvet Angelfish *Centropyge deborae* sp. nov., a new Pomacanthid from the Fiji Islands, based on genetic and morphological analyses. – Zoological Studies 51: 415–423.

SHEN, K. N., C. W. CHANG, E. DELRIEU-TROTTIN & P. BORSA (2017): Lemonpeel (*Centropyge flavissima*) and yellow (*C. heraldi*) pygmy angelfishes each consist of two geographically isolated sibling species. – Mar Biodiv 47: 831–845.

SHEN, K. N. & C. W. CHANG (2023): A color variant of *Centropyge bicolor* (Pisces, Pomacanthidae) from the Fiji Islands. – Ichthyol Res 70: 201–205.

STEINKE, D., T. S. ZEMLAK & P. D. N. HEBERT (2009): Barcoding Nemo: DNA-Based Identifications for the Ornamental Fish Trade. – PLoS ONE 4 (7): e6300. https://doi.org/10.1371/journal.pone.0006300.

Internet

https://researcharchive.calacademy.org/research/ichthyology/catalog/fishcatget.asp?tbl=species&genus=Centropyge

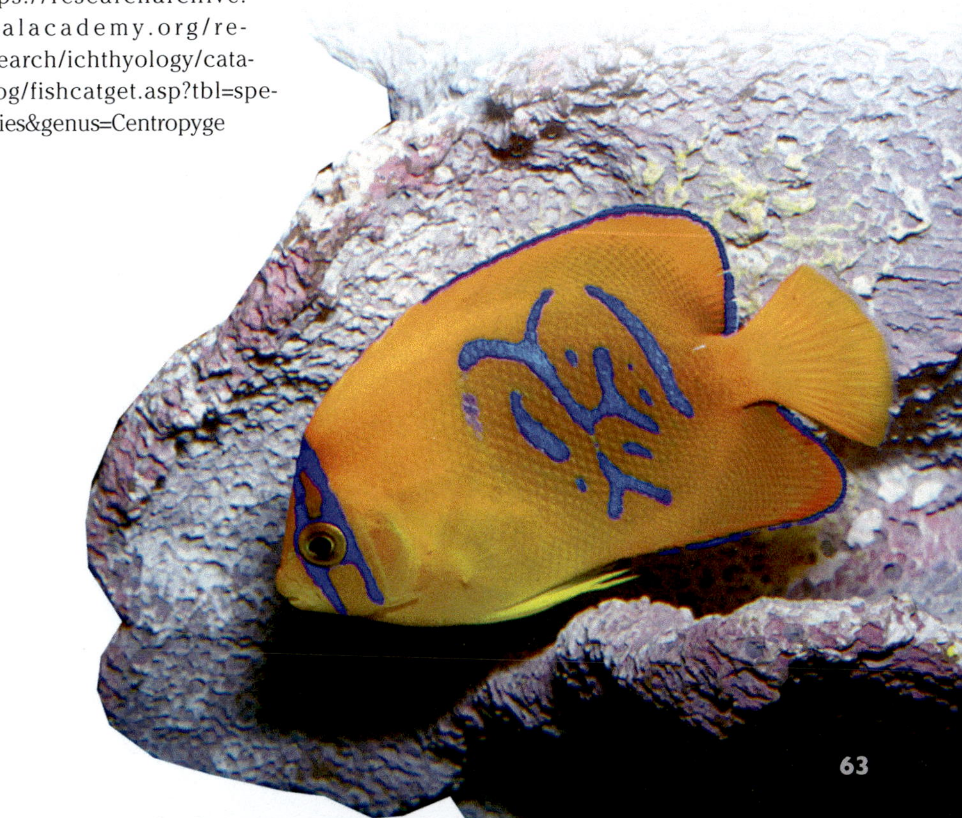

Heute werden viele Kaiser- und Zwergkaiserfische bereits nachgezogen. Hierzu zählt auch *Holacanthus clarionensis*. Das Bild zeigt einen etwa 5 cm langen Jungfisch.

NTV KORALLE
Das Meerwasseraquaristik-Fachmagazin
Symbiosealgen
Blaustrahlung
Nitrifikation
Unterwasserwelt Adria
Garnelen
Fauna gemäßigter Meere
Korallenpolypen
Indonesien
Pinzettfische
Natürliche Autotomie
Mirakelbarsche
Kuba und Yucatán
Korallenfarmen
Viren
Laboranalysen
Schwarzmeerküste
Filtersysteme
Torch-Korallen
Stachelpolypen
Raja Ampat
Einzelheft (Inland)
KORALLE ..... 11,80 €
Jahres-Abonnement (Inland)
6 x KORALLE ..... 58,80 €
Geschenk-Abonnement (Inland)
6 x KORALLE ..... 58,80 €